科学漫画 サバイバルシリーズ

ロボット世界のサバイバル ①

（生き残り作戦）

로봇 세계에서 살아남기 1
by
Text Copyright © 2012 by Kim Jeung-Wook
Illustrations Copyright © 2012 by Han Hyun-Dong
Japanese translation Copyright © 2012 Asahi Shimbun Publications Inc.
All rights reserved.
Original Korean edition was published by Mirae N Co.,Ltd.
Japanese translation rights was arranged with Mirae N Co.,Ltd.
through VELDUP CO.,LTD.

科学漫画 サバイバルシリーズ

ロボット世界のサバイバル ①

文：金政郁／絵：韓賢東

はじめに

　誰でも一度はこんな想像をしたことがあるのではないでしょうか。「危機に陥った地球を救うためにロボットが現れたら？」「面倒で嫌なことはロボットに任せて、毎日遊んでいられたらいいのに」。このような想像は漫画や映画の中だけの話だと考えられていましたが、技術は急速に発達して最近は人間の生活に役立つロボットを様々な場所で見ることができます。

　現代はまさにロボットの時代です。特に日本は「ロボット大国」で、世界で働く産業用ロボット約100万台のうち約３割を占め、世界トップです。国内で生産されるロボットは年間約23万4000台、生産額は約8800億円にのぼります（2017年）。近い将来、ロボット産業が自動車産業を超えるだろうと言う人もいます。しかし、ロボット文化が発達するためにはロボットの技術開発よりも重要なことがあります。それはロボットを作り、ロボットに接する「人間」です。人間がどんな考えを持ってロボットを作るかによってロボットは有益な同伴者にもなり、逆に人類の生存を脅かす怪物にもなってしまうからです。

　このことは、ロボットと人間が共に繁栄するためには、私たちがロボットについてもっと知るべきだということを示しているのではないでしょうか？　産業界の現場で人間の代わりに黙々と働く産業用ロボット、武器で人間を脅かす戦闘ロボット、人間に似た外見を持つヒューマノイドまで、この本にはたくさんのロボットが登場し、みなさんを楽しませることでしょう。

Survival in Robot World

　世界ロボット大会と大規模な博覧会が同時に開かれる、ロボットワールドに参加したジオたち一行。ジオは前日、一睡もできないほど期待に胸を膨らませていましたが、到着するやいなや保安ロボットに追い回され、ルイはいきなりバトルロボットで攻撃されるなど、事件に悩まされ続けます。その上、やっと入場できたロボットワールドで突然、停電が起こります。ジオとルイ、マリ、ハナが怪しい気配を感じた頃、競技場は閉鎖され、なんとロボットたちの攻撃が！　これはただの事故なのでしょうか、それとも誰かの陰謀でしょうか？　ロボットワールドで新たなサバイバルが始まります。

金政郁（キムジョンウク）、韓賢東（ハンヒョンドン）

目次

1章
ようこそ！ ロボットワールドへ！ ……… 10

2章
保安ロボットの追跡 ……… 30

3章
神秘的な古代のロボット ……… 54

4章
ブラックタイガー vs マジックドラゴン ……… 76

5章
道探しの達人、ライントレーサー ……… 96

6章
何でも食べるロボット？！ ……… 114

7章
屈辱のロボットサッカー ……… **128**

8章
予想外の出来事 ……… **152**

9章
閉鎖された競技場 ……… **170**

10章
ロボットたちの反乱 ……… **186**

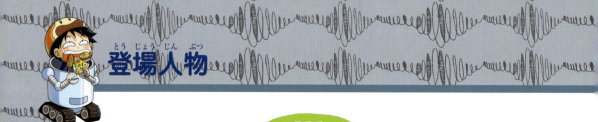

登場人物(とうじょうじんぶつ)

ジオ

> ここで起(お)きているのは、単純(たんじゅん)な事故(じこ)じゃないかも知(し)れない！

誰(だれ)よりロボットが好(す)きだが、ロボットについて何(なに)も知(し)らない。天才少年(てんさいしょうねん)ルイに目(め)の敵(かたき)にされ、何(なん)とか勝(か)つためにロボットについて1(ひと)つずつ学(まな)んでいる。考(かんが)えるより先(さき)に行動(こうどう)するために友達(ともだち)が混乱(こんらん)することもあるが、これまでのサバイバルで培(つちか)った生存力(せいぞんりょく)で突然(とつぜん)のロボットの攻撃(こうげき)にも毅然(きぜん)と立(た)ち向(む)かう。危機(きき)に対処(たいしょ)する能力(のうりょく)と度胸(どきょう)はプロ級(きゅう)。

口博士(はかせ)

> 子供(こども)なんだし、こんなこともあるさ。そんなに怒(おこ)らんと。

ロボットワールドの組織委員長(そしきいいんちょう)。温厚(おんこう)で人(ひと)の良(よ)さそうなおじさんに見(み)えるが、ロボット分野(ぶんや)では世界的(せかいてき)に有名(ゆうめい)なトップクラスの実力者(じつりょくしゃ)。気難(きむず)しいことで有名(ゆうめい)なケイも、口博士(はかせ)の前(まえ)では圧倒(あっとう)される。3年前(ねんまえ)に交通事故(こうつうじこ)で死(し)んでしまった孫(まご)と同(おな)じ年頃(としごろ)の子供(こども)には大変甘(たいへんあま)い。

Survival in Robot World

「驚くのはまだ早いわ、本番はこれからよ！」

去年の飛行ロボット創作大会の優勝者で、今年のライントレーサー（車輪駆動ロボット）競技の優勝候補。かわいらしい外見とは違って、性格はとても激しい。格好いい男性に弱く、ルイの前ではできるだけ猫をかぶろうとするが、いつもジオのせいで失敗する。

「しかし、不細工でも見る目はある。」

ロボット界の伝説と呼ばれるロボット大会のチャンピオン。ロボット工学なら、どんな分野も知らないことはない天才だが、周りの人はみな召し使いのように考えている憎らしいやつ。ルイの天才少年ぶりはサバイバルでも通用するのか？

「本で見るよりずっと素敵だわ。」

幼いころから心臓病で、ロボットによる心臓手術を受けて以来、ロボットへの関心が芽生えた。特に医療ロボット分野には多くの知識を持っているが、先天的に体が弱く、危機的な状況ではジオの助けが必要だ。

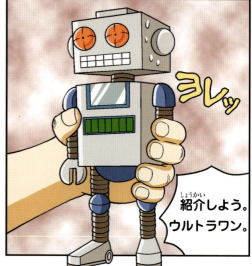

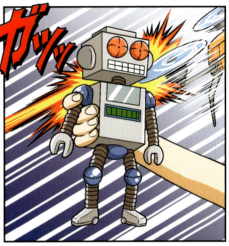

ロボット世界のサバイバル科学知識

無人自動車

私たちの身の回りの無人自動車

　2012年3月、スティーブ・マハンという視覚障害者が、アメリカのグーグル社が開発した自律型自動車を音声命令だけで操作してファストフード店やクリーニング店など、自分が行きたい目的地に正確に到達する映像が公開されて話題を集めました。このように、自動車が自分で走行環境を認識して目標地点まで運行する自動車を「無人自動車」と言います。無人自動車技術は、一般的な用途だけでなく障害者のための補助装置などとしても脚光を浴び、グーグル社以外にもゼネラル・モーターズ（GM）、アウディなど世界的な自動車メーカーと世界有数の大学、研究所などで研究開発が続けられています。

　アメリカ・ネバダ州は2012年3月、世界で初めて、自動走行車を公道で走らせることを認める法律を施行。5月には、グーグル車に初のナンバープレートを交付しました。

　今後、技術が改良されて無人自動車が日常的に使用されることになれば、移動が楽になるだけでなく、運転技術の未熟さや居眠り運転などによる事故が減って、運行の効率が上がるだろうと期待を集めています。しかし、法的な規制や、事故発生時の責任の所在など、今後解決していかなければならない課題も残っています。

トヨタのプリウスを改造したグーグルの無人自動車

フォルクスワーゲンがスタンフォード大学と共同開発した無人自動車

無人自動車に使われる技術

　運転者が操作せずに動く無人自動車は、どうやって物体を認識して衝突を避け、信号を守って、走行できるのでしょうか？　それは、一般の自動車にはない各種のセンサーが情報を集め、リアルタイムで状況を把握して運転命令を出すためです。

　無人自動車に欠かせないのは、自動車の位置と状態を精密に把握する技術で、衛星測位装置（GPS）、慣性計測装置（IMU）などが使われます。衛星測位装置は衛星から受け取った情報で現在の車の位置を把握し、慣性計測装置は車の速度と方向、移動距離などを認識します。このほか、運転者の目と同じ役割をするカメラで、車線や停止線、道路標識、歩行者など様々な道路の情報を収集します。収拾された映像から必要な道路情報を認知するためには、まず撮影した映像を見やすく処理し、ほしい情報を抽出して情報の内容を把握することが必要です。また、レーザースキャナーによって周囲の障害物に関する情報を得て、障害物に関する情報を継続的に追跡し、様々な回避方法を選択することも運転に絶対に必要な技術になります。

▶ **無人自動車の構造**

韓国科学技術研究院が開発した無人自動車

2章 保安ロボットの追跡

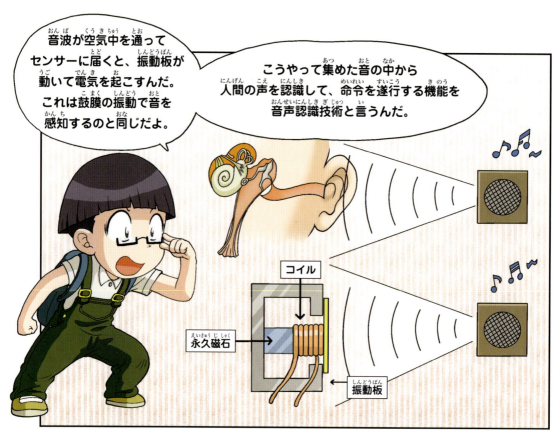

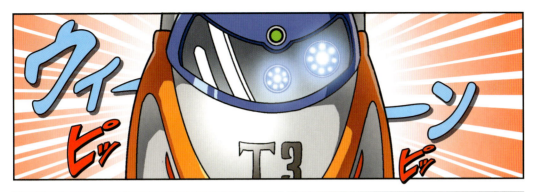

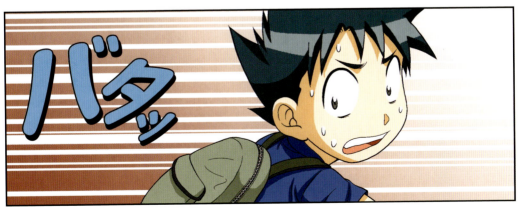

変ね。誰かにスキャンされてるような気がするわ。

まさか、こんな大勢の人に顔認識プログラムを使わないだろ。

え、何それ。

デジタルカメラにも使われてるだろ。動きや色などの条件で画面から顔を認識するんだ。

認識した顔が誰なのか、データを元に識別するのが顔認識プログラムよ。

映像を分析して大きな特徴をとらえて、比較する方法がよく使われているわ。

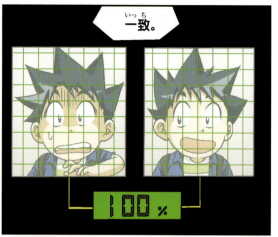

ロボット世界のサバイバル科学知識

ロボットの感覚

人は主に視覚、嗅覚、聴覚、味覚、触覚などの感覚器官を使って周囲の様子を把握し、情報を得ます。人の感覚器官の代わりをするロボットの感覚器官を「センサー」と言います。センサーは対象物の状態を把握し、電気信号でロボットの頭脳に当たるメーンコンピューターにデータを送るのです。

ロボットの耳

音は鼓膜に振動を起こし、この振動が蝸牛管に入って神経を刺激することで人間の脳は音を認識しています。聴覚センサーも同じように音波が空気を通じてセンサー内の板を振動させ、この振動が電気信号に変わってメーンコンピューターに伝わります。メーンコンピューターはこの信号を解析して何の音であるか分析し、それに合う行動を指示します。代表的な聴覚センサーとしては、マイクロフォンがあります。

提供：三菱重工

「wakamaru（ワカマル）」（三菱重工）は相手と目を合わせて話したり、握手をしたりコミュニケーションができる。

ロボットの目

視覚センサーは人の目に当たるもので、物体の形や状態、動きなどを感知する働きをします。光センサー、超音波センサー、赤外線センサーなどの種類がありますが、最近ロボット分野では光センサーの一種であるCCDカメラが多く使われています。CCDカメラの中には多くのフォトダイオードの素子が入っていて、この素子は物体から出る光を電気信号に変える働きをします。

光を当てると、光の量に応じて電子が発生し、画像が得られるのです。フォトダイオードの素子の数を画素数と言い、画素数が大きいほど鮮明で正確な画像が得られます。

デジタルカメラ
視覚センサーとして使われるCCDは、デジタルカメラやスキャナーなどにも使われる。

ロボットの舌と鼻

ロボットの味覚と嗅覚は、他の感覚センサーに比べてあまり研究が進んでいません。なぜなら、視覚、聴覚、触覚がそれぞれ光、音波、圧力などの単一の物理的影響を受容するのに比べ、味覚と嗅覚は多くの化学物質を同時に受容する複雑な感覚だからです。そのような困難があるにも関わらず、味を構成する物質のイオン濃度を測定する味覚センサーや、匂いの分子構造を分解して構造を認識する嗅覚センサーなどが開発中で、アルコールや麻薬、火薬の匂いをかぎわけるロボットについても研究が続けられています。

家庭用保安ロボット「番竜」 部外者が立ち入ると警告音を鳴らし、携帯電話に通知してくれるロボットで、匂いや温度変化に対応するセンサーもあるので火災を感知できる。

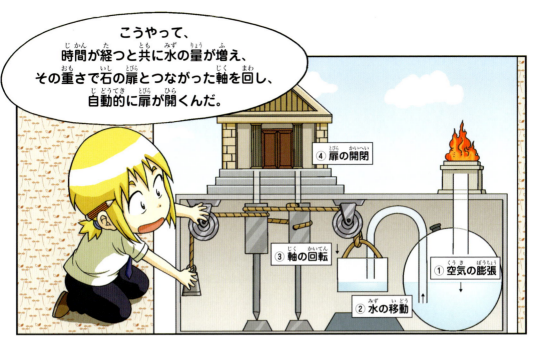

自動装置の歴史

　人間は古代から、自動で動く機械装置を夢見てきました。古代ギリシャの詩人、ホメロスの叙事詩「イリアス」には、鍛冶の神ヘパイストスが黄金のロボットを作って助手にしたという話があります。

　このような想像は現実にも引き継がれ、いろいろな自動装置が発明されました。中でも1世紀頃のアレクサンドリアに暮らした数学者のヘロンが蒸気の原理を利用して作った自動ドアや、てこの原理を利用した聖水の自動販売機などが有名です。18世紀のヨーロッパでは、からくり人形である「オートマタ」が大流行しました。その中でもフランスの発明家ジャック・ド・ヴォーカンソンが作った「フルート奏者（フルートを演奏する人形）」「機械仕掛けのアヒル」などが大きな人気を集め、スイスではジャケ・ドローが「ドロワー（絵を描く人形）」、「ライター（字を書く人形）」、「音楽家（オルガンを演奏する人形）」などを発明しました。一方、日本では江戸時代にすでにからくり人形の文化が開花していました。ぜんまいや歯車などの装置を活用して作った「茶運び人形」や「段返り人形」などが代表的な作品です。

　このような自動装置の技術は、人間の仕事を機械に代わりにさせようという願望に導かれて次第にたくさんの発明品を生み出し、ロボット技術としても引き継がれました。

茶運び人形

ドロワーと、人形が描いた絵

ロボットの語源と三原則

「ロボット」という言葉は20世紀になって登場しました。1920年、チェコの作家カレル・チャペックは「R.U.R.（ロッサム万能ロボット会社）」というタイトルの戯曲を発表しました。この作品は、ロッサム社が労働者のように働く機械、すなわちロボットの開発に成功し商品化しますが、次第にロボットたちの知性が発達して人間に反乱を起こすという内容でした。この作品でチャペックは「労働」を意味するチェコ語の「ロボタ」からロボットという新しい言葉を作って使用し、この作品をきっかけにロボットという言葉が広く使われるようになりました。チャペックが考えたロボットとは、人間の代わりに労働をするという意味であることが分かります。

演劇「R.U.R.」 ロボットたちが反乱を起こして人間を攻撃する場面。この演劇は1921年初めにプラハ国立劇場で初演され、以降映画化もされた。

チャペックの「R.U.R.」が、人造人間は人間に害を及ぼす存在であると考えるものだとすると、ロシア生まれのアメリカの小説家アイザック・アシモフは、人間に危害を与えることなく手助けしてくれる存在のロボットを小説に登場させます。彼はロボットに関する小説を書きながら、ロボットが守らなければならない３つの原則を提示しました。現在もロボット工学に従事する学者や研究者はロボットを製作する時に、この三原則を守るように努力しています。

ロボット三原則

第一条　ロボットは人間に危害を加えてはならない。また、その危険を看過することによって、人間に危害を及ぼしてはならない。

第二条　ロボットは人間にあたえられた命令に服従しなければならない。ただし、あたえられた命令が、第一条に反する場合は、この限りでない。

第三条　ロボットは第一条、第二条に反するおそれのない限り、自己を守らなければならない。

4章
ブラックタイガー
VS
マジックドラゴン

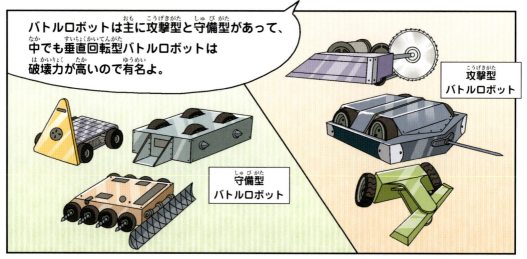

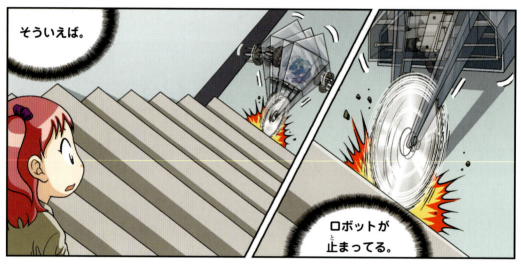

あれは何の騒ぎだ。

あれは、ルイ。

どうしてジオと一緒にいるんだ。

世界ロボット大会に最多種目で優勝した、４カ国語を操る天才少年。

ロボットの移動方法

車輪型移動ロボット

　静止した状態で作業を行っていた過去のロボットとは違って、最近のロボットは移動機能を備えて動きながら作業することが可能になりました。私たちの周りで見られるロボットの移動手段の多くはタイヤです。タイヤ型ロボットは前後左右に自由に移動が可能で、少ないエネルギーで長時間動くことができるので他のロボットと比べて経済的ですが、障害物を越えるのが難しいという弱点があります。

無限軌道型ロボット

　障害物に弱いタイヤ型ロボットの弱点を補うために作られたロボットで、タイヤの代わりに無限軌道を使って移動します。無限軌道とは、いくつかの鋼板をつなげてベルトのようにタイヤに巻いて走行する装置で、タイヤと比べて地面に触れる面積が大きく、障害物をたやすく乗り越えることができます。

無限軌道型消防ロボット　消防ロボットが、仮想の火災現場に投入されて階段を上っている。

飛行ロボット

　現在、活発に研究されている部門で、無人飛行機や円盤型飛行ロボットが代表的です。主に軍事目的で古くから研究・開発され、最近は災難救助、現場撮影、趣味など様々な用途でも開発されています。
　特に、ある程度自律飛行することができ、小型化した飛行ロボットが脚光を浴びています。

歩行ロボット

　脚を使って歩くロボットの総称で、二足、四足、六足など様々な形態があります。六足以上の歩行ロボットは昆虫類、甲殻類、多足類など、多くの脚を持つ動物たちの動きをまねて研究することもあります。

　脚が多いほど安定して立つことができ、移動能力も高いですが、見た目が人間に近くて精巧に動くことができるのは二本足で歩く二足歩行ロボットです。二本足で歩くためには、まず一方の足を上げるのと同時にもう一方の足で体全体を支えなければなりません。右足、左足を替えながらこの動作を連続的に行うと移動することができます。しかし、この過程で絶えず両足に伝わる地面の圧力を確認し、バランスを維持しなければ倒れてしまい、ロボットにはとても難しい動作です。そのため、他の移動技術と比べて移動速度が比較的遅く、人が歩くように自然には歩けないという短所があります。代表的な二足歩行ロボットとしては、ホンダのASIMO（アシモ）や韓国で開発されたHUBO（ヒューボ）などがあります。

撮影　朝日新聞社

ASIMO　ホンダが開発した二足歩行ロボット「ASIMO（アシモ）」は小学校の特別授業にも登場した。

ハチドリに似たロボット？

©Shutterstock

　2011年、アメリカではハチドリの羽ばたきを利用した微小飛行体「ハチドリロボット」を作りました。このハチドリロボットは重さ19g、体長7.5cm、翼長16cmに過ぎない超小型飛行体で、空を飛ぶ姿が本物のハチドリによく似ており、気付かれずに敵地に潜入して偵察できるという長所があります。このロボットは、特殊なモーターで毎秒60～80回もの速さで羽を動かして時速18キロで飛ぶことができ、カメラが搭載されていて、リアルタイムで映像の転送ができます。

5章
道探しの達人、ライントレーサー

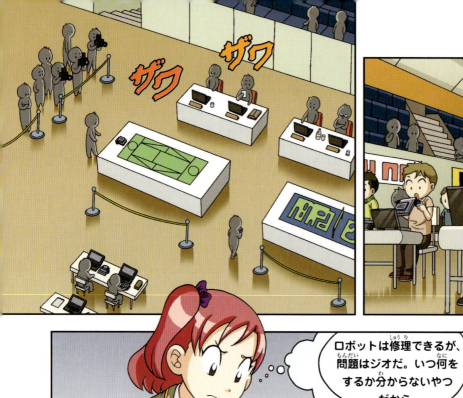

ロボットは修理できるが、問題はジオだ。いつ何をするか分からないやつだから。

マリ、頼む。
僕は仕事があるから、君がジオを見張っててくれ。

キャー。
ケイが私の手を。

ま、任せて。

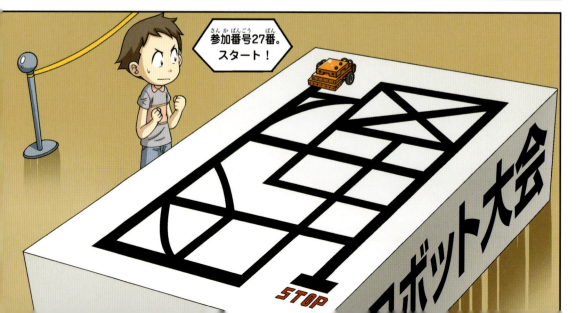

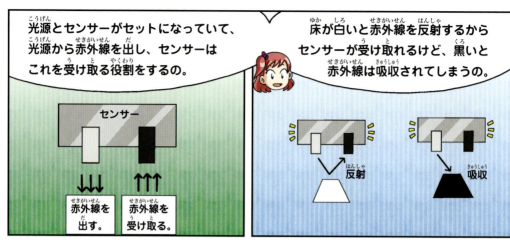

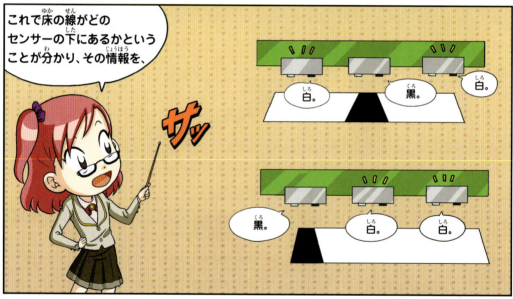

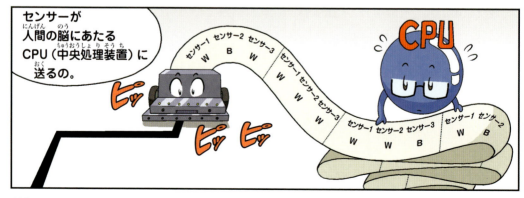

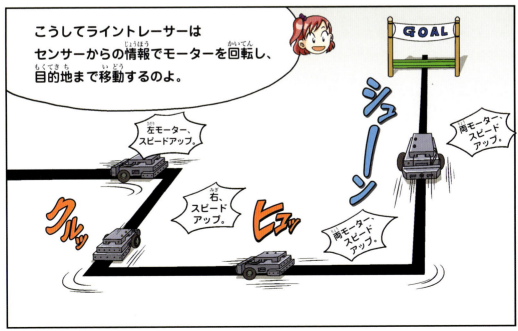

ロボット大会の競技

　世界中で大小様々な団体が多様なロボット大会を開催しています。その中でも代表的な大会は国際ロボットオリンピアードです。大きくライントレーサーやトランスポーターなどの競技部門と創作部門に分かれていて、それぞれの課題を競技規定に従って解決するという方式で進められます。

ローリングボール迷路

　主催側が提供する金属球をロボットに載せた状態で、迷路を通って最も速く正確に完走したロボットが優勝するという種目です。金属球がロボットの動きに影響を与えることもあるので、それによる物理的な変化まで制御できなければいけません。

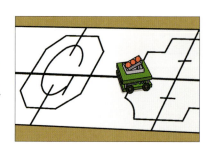

ライントレーサー

　白い床に書かれた黒い線（もしくは黒い床に書かれた白い線）に沿って進む競技で、与えられた走行線をセンサーで検出して到着地まで移動するのが目標です。最も安定して速く走行したロボットが優勝します。

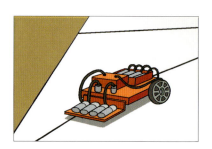

ロボットサバイバル

　ロボットを操縦し、決められた時間内に与えられたミッションに従って円柱、三角柱、立方体、球などのブロックを格納場所に積む競技です。メガボール（テニスボール）を発射して相手チームのブロックを攻撃することもできます。操縦技術と戦略、戦術を競う代表的な種目です。

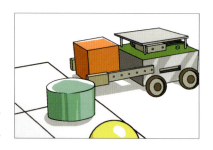

ロボットダンシング

　ヒューマノイドロボットを利用して人間の動作を表現し、創作した動作の完成度を評価する種目です。プログラミング部門と自由部門に分かれ、プログラミング部門は全体の動作のうちミッション動作を入れなければならず、音楽も主催側が提供したものを基に行います。

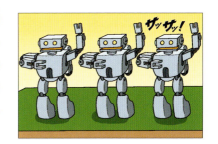

トランスポーター

　目標物を目的地に正確に運ぶ種目です。全てのミッションを遂行した後、決められた時間に最も近い時間で行ったロボットが優勝です。目標物を目的地に運んだとしても、競技中に目標物が動いてしまったら運搬失敗と判定されます。

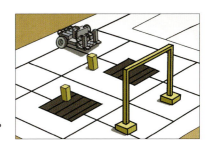

障害物脱出

　道、絶壁、壁、落とし穴、目標物、目的地などを認識し、なるべく速く障害物を脱出する競技です。脱出途中で目標物を指定された場所に移動させるミッションも遂行しなければいけません。最も速く目標物を移動させて脱出したロボットが優勝します。

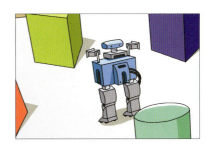

創作部門・ミッション型創作部門

　創作部門はロボットについての想像力を表現するもので、ロボットについての技術的な理解と機械の原理を応用して、主催側が決めたテーマに沿ったロボットを製作・発表する競技です。ミッション型創作部門では、使用可能な部品を限ってロボットを創作し、物をつかむ機能や障害物を回避する機能などのミッションを遂行します。

6章
何でも食べる
ロボット？！

すごい行列だ。マリが怒ってて遅くなったせいだ。

何よ。お仕置きがまだ足りないの。

無料だからって、これだけの人が食べたら足りなくならないかな。

みんなはジオとは違うわよ。

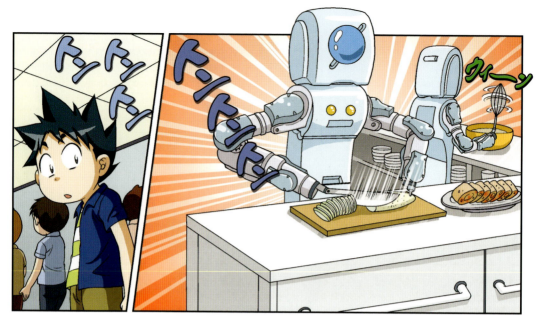

調理ロボットはプログラムが決まってるから、速いだけでなく一定の厚さで切ることもできるの。

すごい。コックさんより速いんじゃないか。

0.1mm？！

0.1mm単位で切るロボットもあるそうよ。

1mm。0.1mmはこの10分の1

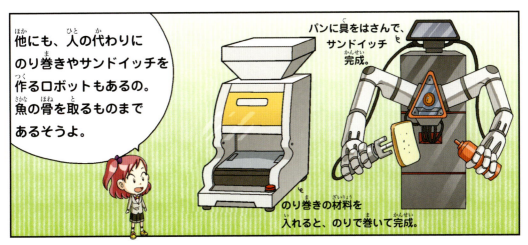

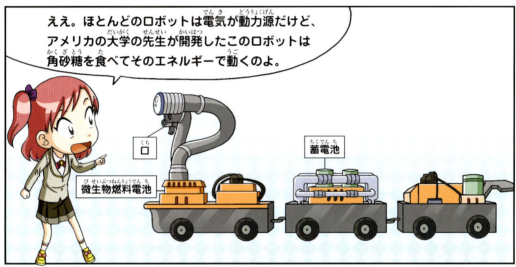
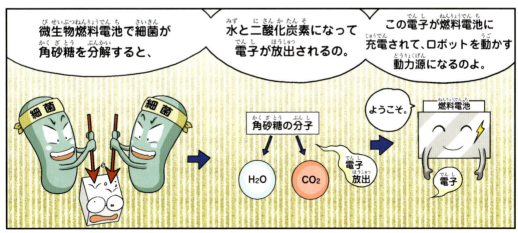

ロボット世界のサバイバル科学知識

ロボットの動力源

　人は食べ物からエネルギーを得て活動します。それでは、ロボットはどこからエネルギーを得るのでしょうか？　現在、ロボットのエネルギー源として最もよく使われるのは、ニッケル水素電池とリチウムイオン電池、リチウムポリマー電池などの充電式バッテリーです。リチウムイオンは体積が小さく軽いので、携帯電話やノートパソコンなどのデジタル機器にもよく使われ、リチウムポリマーは安定性が高く、次世代二次電池として注目されています。しかし、サービスロボットや戦闘ロボットのように移動しなければならないロボットは、充電式バッテリーを使う場合、必要な時にエネルギーを供給するのが難しいという短所があります。ロボットの使用時間より充電時間がはるかに長いとか、いざ使おうとした時に電力を使い切って止まってしまっていたりしては、いくら素晴らしいロボットでも無用の長物になってしまうからです。
　では、人間が食事をするように、ロボットも自分でエネルギー供給を解決できないのでしょうか？　この問題を解決しようと、現在様々な研究が行われています。

僕はご飯、
お前は電気！

角砂糖を食べるロボット

　角砂糖をエネルギー源にして、自分で動力を作り出すロボットがあります。アメリカの大学の研究者が開発したロボットで、ロボットの基幹を載せた１ｍの長さの４輪車３台で構成されていて、微生物燃料電池で食べ物を分解します。ここで砂糖の分子が分解され、水と二酸化炭素に変わる時に電子を発生させてバッテリーを充電するのです。決まったエネルギー源を消化する機能しかないロボットですが、人間のように食べ物を食べ、そこからエネルギーを得られるという可能性を見せてくれた研究です。

今は角砂糖だけだけど、高カロリーの肉なら、もっとたくさんのエネルギーになるかしら？

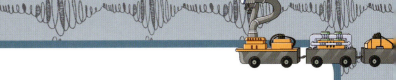

ハエを食べるエコボット

　生ごみや昆虫の死骸を食べるロボットもあります。2004年にイギリスで開発されたエコボットⅡは、タンバリンほどの大きさで、8個の微生物燃料電池からなる「胃」を持っています。エコボットを動かす動力は、バクテリアが放出する電子です。

　汚物で満たされた燃料電池に昆虫の死骸を入れると、昆虫の死骸は汚物の中のバクテリアが出す酵素に触れ、外骨格が分解されて糖分を作ります。この時、バクテリアがこの糖分を摂取して放出する電子の流れを動力装置につなげてエネルギーとして使うのです。

　このロボットは電流を発生させるのに長時間かかりますが、8個の電池にそれぞれ1匹ずつ、計8匹のハエを入れれば、数日間動けるほどの高いエネルギー効率があります。

エコボットⅡ　イギリスで開発されたもので、最速でも15分で2～4cmしか移動できない。

自分でハエを捕まえるロボットがあるの？

　ハエトリグサは、両側に開いた葉に虫がとまると、一瞬のうちに葉を閉じ、昆虫を殺した後で消化する食虫植物です。最近、このハエトリグサに似たロボットが作られました。ハエがロボットに触れると2枚の葉の間にある形状記憶合金のばねが作動し、一瞬のうちに閉じます。とても短い時間で形を変えるこの技術は、超小型ロボットの人工筋肉として活用でき、エコボットにつなげて自ら燃料を供給して電気を生産することもできます。

アリやハエなどの虫を捕食するハエトリグサ

7章
屈辱のロボットサッカー

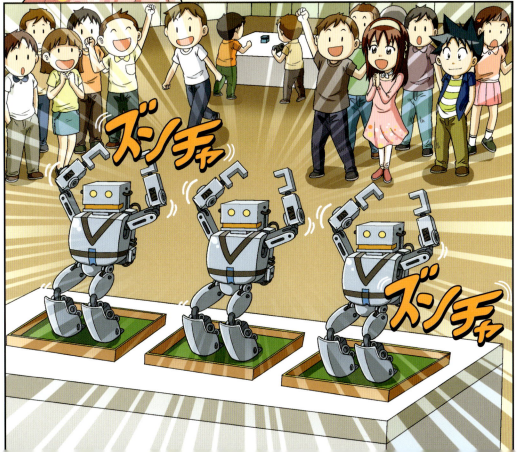

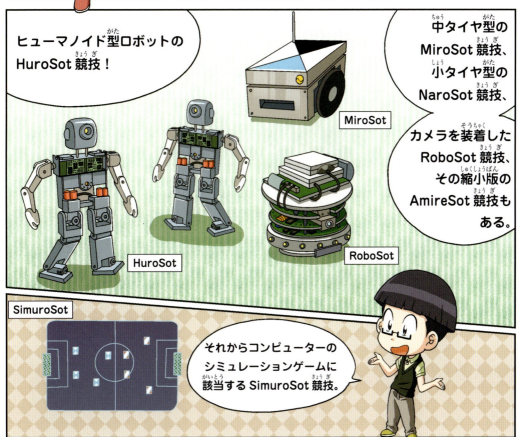

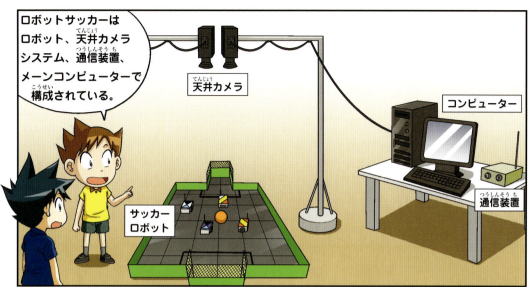

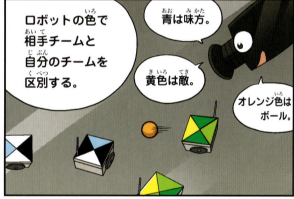

試合開始！

すごいわ。もうゴールチャンスよ。

よし、まずはこれで先取点だ。

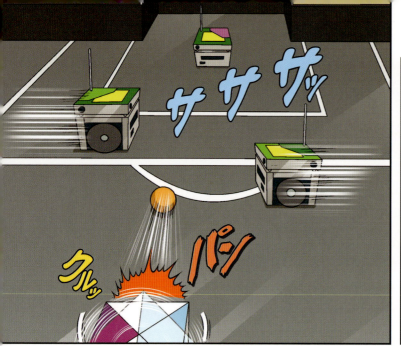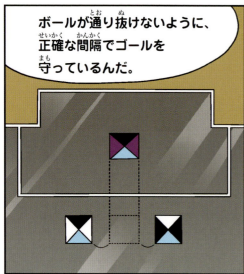

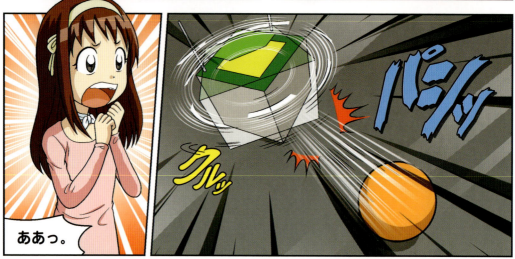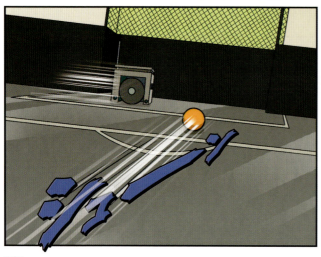

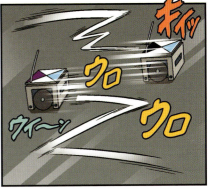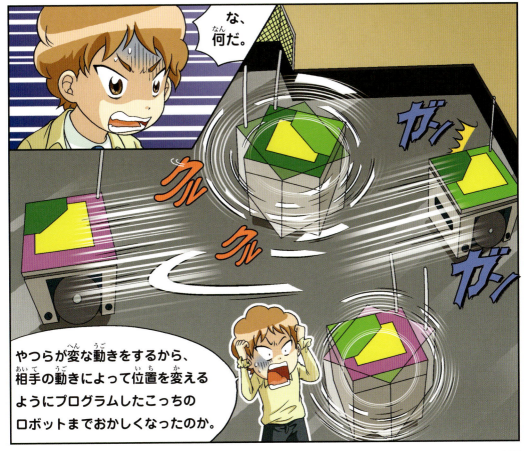

ロボット世界のサバイバル科学知識

ロボットサッカー

ロボットのワールドカップ、ロボカップとFIRA

　ロボットは今ではスポーツ界にも進出しています。その種目も様々で、ロボットのオリンピック「ロボリンピック」まで開かれるほどです。ロボットスポーツの中でも最も人気がある種目はロボットサッカーで、ロボットサッカーの世界大会としてはロボカップとFIRAの2大大会があります。

　日本でよく知られるロボカップは、ロボット工学と人工知能の融合・発展を目的に、2050年に「サッカーの世界チャンピオンチームに勝てる、自律型のチームを作る」ことを目指しています。1995年に構想を発表し、1997年に第1回大会が名古屋で開催され、以後毎年、アメリカやヨーロッパ、オーストラリア、中国などで開かれています。

　FIRA（世界ロボットサッカー連盟）は、1995年、韓国科学技術院（KAIST）を始めとして世界10カ国余りの大学の研究者が創設しました。1996年に最初の大会を開いて以来、毎年世界各地で開催しています。

　ロボカップとFIRAは互いにライバル関係を通じて発展しており、最近は二足歩行ロボット競技であるロボカップのヒューマノイドリーグとFIRAのHuroSotにたくさんの人が注目しています。

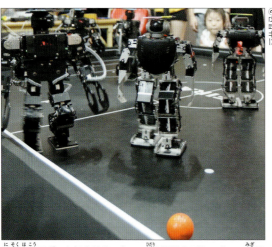 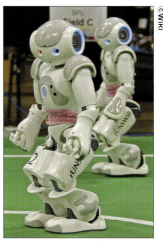

二足歩行ロボットによるサッカー　左はFIRAのHuroSot、右はロボカップのヒューマノイドリーグ。

ロボカップの競技種目

　ロボカップには、大きく分けて4つの種目があります。各種目は、さらに競技が細かく分かれています。

　ロボカップサッカーは、ロボカップの中心となる競技です。人間のサッカーと同じく、自分で状況を判断して動く自律移動型ロボットを使って競技が行われます。小型ロボットリーグは直径18cm、高さ15cmのロボット5台が1チームとなり、縦6.5m、横4.5mのフィールドで試合をします。上部にフィールド全体を見渡すカメラが設置され、そのカメラとロボット搭載のカメラの視覚情報を基に、コンピューターがロボットに指示を出します。二足歩行ロボットによるヒューマノイドリーグは2002年から正式種目になり、ロボットの大きさによってリーグが分かれています。

　ロボカップレスキューは、ロボカップサッカーの技術を災害救助に利用しようと、仮設の災害現場で救助活動の速さと精度を競います。

　ロボカップ＠ホームは同様の技術を日常生活に活用しようと、キッチンやリビングルームを想定して作業します。

　ロボカップジュニアは、小学生から参加できるサッカーチャレンジ、音楽に合わせてロボットが踊るダンスチャレンジなどです。

撮影：朝日新聞社

ロボカップのロボット　ロボカップに出場した、ボールを蹴るヒューマノイドロボット。

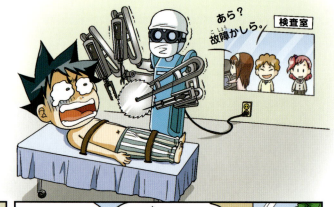

8章 予想外の出来事

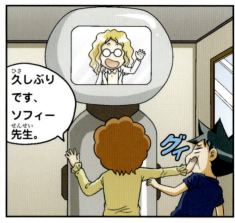

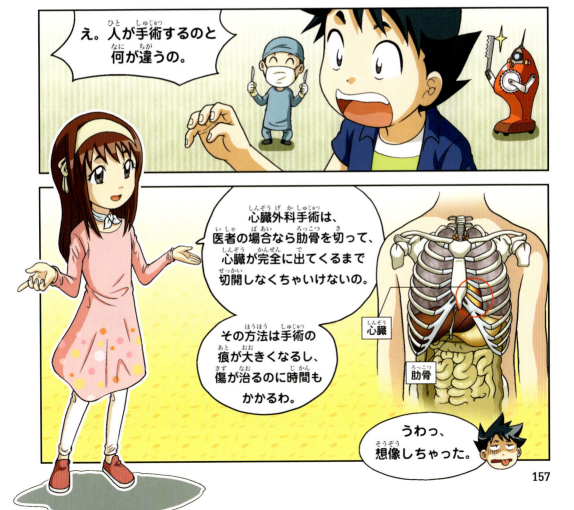

でも手術ロボットなら大きく切開しなくても、手術したい部分に器具を到達できる。

特に視神経などにできたがん細胞を切除する場合、1mmの誤差でも失明する可能性があるが、ロボットを使えば誤差を少なくすることができる。

ちょうどここには代表的な手術ロボットがある。

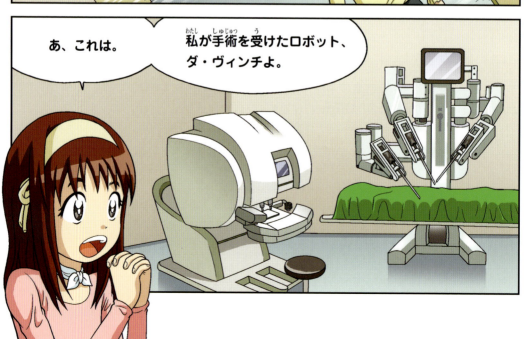

あ、これは。

私が手術を受けたロボット、ダ・ヴィンチよ。

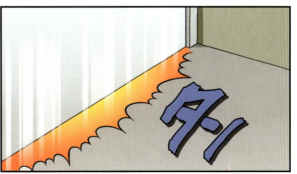

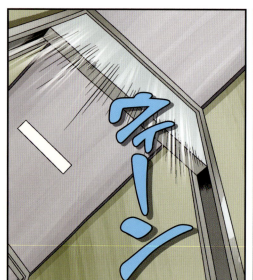

医療用ロボット

手術ロボット

　手術ロボットの元祖であるロボドックは、1992年にアメリカで人工股関節の置き換え手術のために患者の太ももに穴を空ける用途で使われました。そして、1993年にはイタリアの医療チームがアメリカ・ロサンゼルスからイタリア・ミラノにあるロボットを操縦して大西洋の反対側にいるブタを手術するのに成功し、遠隔手術の可能性を開きました。それ以降、痛みを最小化し手術部位を縮小するために内視鏡外科手術が導入され、手術ロボットが新たに注目され始めました。最も代表的なロボットはアメリカ食品医薬品局（FDA）で認可を受けたダ・ヴィンチで、現在多くの国で内視鏡手術に使われています。電気メスや内視鏡カメラを先端に備えたアームがついており、医師は3次元画像を見ながら遠隔操作で手術を行います。ロボットアームは揺れることがなく、人間の操作で正確に動かせるので、過去には難しかったり不可能だった手術ができるようになりました。

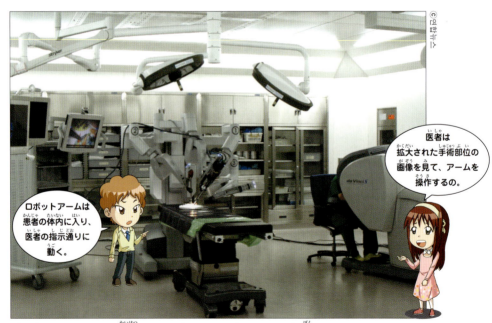

ダ・ヴィンチ　アメリカで開発されたロボットで、ロボットアームが3本ある。

医療支援ロボット

　現在、代表的な医療支援ロボットは、手術器具を搭載した部分と、手術者に手術器具を渡すロボットアームで構成されています。手術器具にバーコードを張り、手術前にあらかじめバーコードリーダーで手術器具を登録して、医師の声による命令に従って動くものです。ロボットは医師の指示を音声認識システムで把握し、医者が必要とする手術器具を渡します。

リハビリロボット

　障害者や高齢者のリハビリを助け、日常生活の不快感を減らしてくれるロボットもあります。食事支援ロボット、マイスプーンは、食卓に固定されたロボットアームにお箸やスプーン、フォークが付いており、手を使えない人が食べたい物を食べられるように支援してくれます。障害者らの移動を助けるための車椅子ロボットも開発されています。車椅子にカメラやセンサーを搭載し、障害物などを感知して車椅子を制御したりするほか、利用者が簡単な操作で操縦ができ、水を飲む、顔を拭く、床の物を拾う、スイッチのオン・オフ、ドアの開閉などの動作を代わりにしてくれるものもあります。

癒やしロボット、パロ　手でなでると鳴き、バッテリーがなくなると餌がほしいとおねだりもする。生きている動物のように癒やしの効果があるロボットだ。

9章
閉鎖された競技場

ええい。
一か八かだ。

グイ

行くぞ。

タン
スタッ
ダダダッ

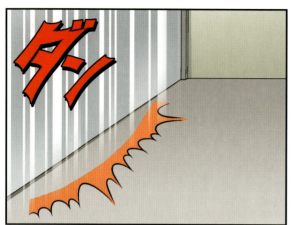

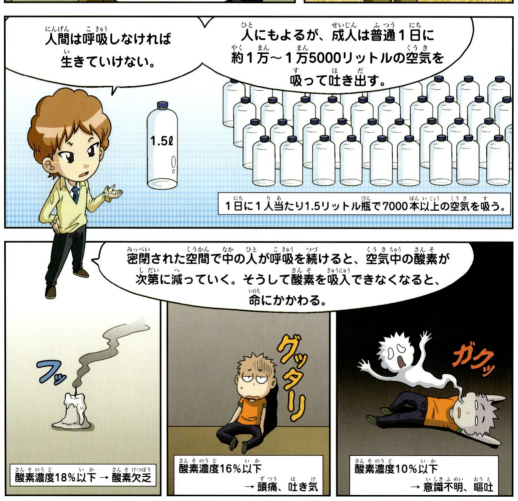

ロボット世界のサバイバル科学知識

サービスロボット

保安（警備）ロボット

　保安（警備）ロボットは、爆発物などの危険物処理、室内外の監視、人質救出作戦などのために開発されました。人の動きを感知したり、ガスや煙を探知できるセンサーを搭載しており、空港、商店、工場など屋内を巡回する用途で使われます。

　保安（警備）ロボットは、日常でも使われています。外出時にロボットを利用してガスレンジの火の元や窓の戸締まりを見守るなど、家の隅々をリアルタイムで確認できます。ロボットを望む場所に移動したり、配置したりすることもできます。

爆発物除去ロボット
爆弾除去作業に投入できる多目的移動ロボット。

調理ロボット

　人々は家事の負担を減らすため、長らく調理ロボットの開発を推進してきました。2006年、中国では実際に食材を焼き、揚げ、煮て中国料理を作れるロボット愛可（AIC-AI）が開発されました。日本では、安川電機の産業用ロボットMOTOMAN-SDA10を使って、お好み焼きを焼いたり、綿菓子を作ったりする行動が国際ロボット展で披露され、海外でも話題になりました。

清掃ロボット

　清掃ロボットは、個人用ロボットの中で最も広く使われているロボットで、家庭用清掃ロボットでは、2001年にスウェーデンで発売されたトリロバイトが世界で初めてのものです。このロボットは人が操ることなく、自ら掃除する空間の縁を回って空間全体の大きさを計算し、設定された空間を吸い込みながら通り過ぎる方式で、隈なく掃除できます。

　その後、2002年にアメリカで開発されたルンバは、発売当初から人気を得ました。これまでに世界60カ国で800万台近くが販売され（2012年時点）、大ヒット商品になっています。

　掃除だけではなく、食卓の整理、料理など家事全般を手伝うロボットもあります。2010年に韓国科学技術院が開発したマル-Zは、視覚センサーによって素早く目標物を見つけ出した後、割れないように手で物を持って作業したり渡したりする能力を持っています。

ルンバ

家事手伝いロボット　マル-Mとマル-Z　マル-Z（右）がマル-M（左）の指示を受けてパンと料理をかごに移している。

マルー、ジュース持ってきて！

10章 ロボットたちの反乱

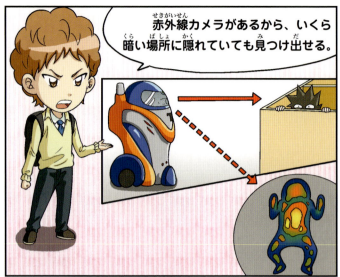

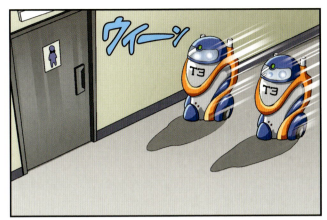

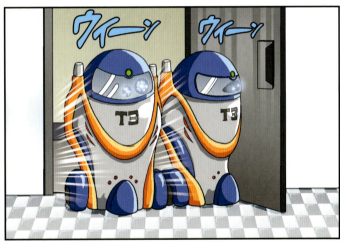

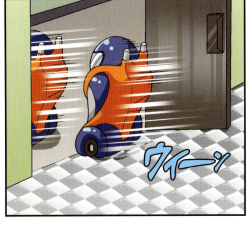

何の音かしら。
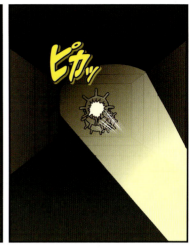

あれは?!

「ロボット世界のサバイバル1」終わり。
「ロボット世界のサバイバル2」もお楽しみに。

ロボット世界のサバイバル 1

2012年10月30日　第 1 刷発行
2021年 3 月20日　第26刷発行

著　者　文　金政郁（キム ジョンウク）／絵　韓賢東（ハン ヒョンドン）
発行者　橋田真琴
発行所　朝日新聞出版
　　　　〒104-8011
　　　　東京都中央区築地5-3-2
　　　　編集　生活・文化編集部
　　　　電話　03-5541-8833（編集）
　　　　　　　03-5540-7793（販売）

印刷所　株式会社リーブルテック
ISBN978-4-02-331123-7
定価はカバーに表示してあります。

落丁・乱丁の場合は弊社業務部（03-5540-7800）へ
ご連絡ください。送料弊社負担にてお取り替えいたします。

Translation：HANA Press Inc.
Japanese Edition Producer：Satoshi Ikeda
Special Thanks：Noh Bo-Ram / Lee Ah-Ram
　　　　　　　　（Mirae N Co.,Ltd.）

サバイバルシリーズ ファンクラブ通信

おたより大募集

ゆうびんもメールもドシドシ！

ファンクラブ通信は、サバイバルの公式サイトでも読めるよ！

みんなからのお手紙、楽しみにしてるよ～♪

読者のみんなとの交流の場、「ファンクラブ通信」が誕生したよ！ クイズに答えたり、似顔絵などの投稿コーナーに応募したりして、楽しんでね。「ファンクラブ通信」は、サバイバルシリーズ、対決シリーズの新刊に、はさんであるよ。書店で本を買ったときに、探してみてね！

おたよりコーナー ①
ジオ編集長からの挑戦状
『〇〇のサバイバル』を作ろう！

みんなが読んでみたい、サバイバルのテーマとその内容を教えてね。もしかしたら、次回作に採用されるかも!?

例：**冷蔵庫のサバイバル**
何かが原因で、ジオたちが小さくなってしまい、知らない間に冷蔵庫の中に入れられてしまう。無事に出られるのか!?（9歳・女子）

おたよりコーナー ③
ピピが審査員長！ 2コマであそぼ

お題となるマンガの1コマ目を見て、2コマ目を考えてみてね。みんなのギャグセンスが試されるゾ！

例：お題
井戸に落ちたジオ。なんとかはい出た先は!?
→ 地下だったはずが、なぜか空の上!?

おたよりコーナー ②
キミのイチオシは、どの本!?
サバイバル、応援メッセージ

キミが好きなサバイバル1冊と、その理由を教えてね。みんなからのアツ～い応援メッセージ、待ってるよ～！

例：**鳥のサバイバル**
ジオとピピの関係性が、コミカルですごく好きです!! サバイバルシリーズは、鳥や人体など、いろいろな知識がついてすごくうれしいです。（10歳・男子）

おたよりコーナー ④
ケイ館長のサバイバル美術館

みんなが描いた似顔絵を、ケイが選んで美術館で紹介するよ。

例 → 上手い！

みんなからのおたより、大募集！

① コーナー名とその内容
② 郵便番号
③ 住所
④ 名前
⑤ 学年と年齢
⑥ 電話番号
⑦ 掲載時のペンネーム（本名でも可）

を書いて、右記の宛て先に送ってね。掲載された人には、サバイバル特製グッズをプレゼント！

● 郵送の場合
〒104-8011　朝日新聞出版　生活・文化編集部
サバイバルシリーズ　ファンクラブ通信係

● メールの場合
junior@asahi.com
件名に「サバイバルシリーズ　ファンクラブ通信」と書いてね。

※応募作品はお返ししません。※お便りの内容は一部、編集部で改稿している場合がございます。

ファンクラブ通信は、サバイバルの公式サイトでも見ることができるよ。

[科学漫画サバイバル] [検索]

本の感想やサバイバルの知識を書いておこう。